图说农业环境保护56例

王久臣 邹国元 王 飞 ◎ 编著

TUSHUO NONGYE HUANJING BAOHU 56 LI

中国农业出版社
北 京

编委会

主　　编　王久臣　邹国元　王　飞

副 主 编　陈延华　李顺江　李钰飞　许俊香　薛文涛

参编人员　杜连凤　高利娟　李吉进　梁丽娜　廖上强　刘东生　刘　静　石祖梁　宋成军　孙钦平　孙仁华　武凤霞　肖　强　许秀春　杨俊刚　左　强

绘图人员　刘　晶

前　言

“绿水青山就是金山银山”“看得见山，望得见水，留得住乡愁”，生态文明建设深入人心。党的十八大以来，农业生态环保工作得到了高度重视。农业农村部农业生态与资源保护总站成立，《农业环境突出问题治理总体规划（2014—2018年）》和《全国农业可持续发展规划（2015—2030年》等规划出台，2015年农业部打响了农业面源污染治理攻坚战，提出了到2020年实现“一控两减三基本”的目标，农业绿色发展五大行动启动实施，区域生态循环农业等系列项目陆续得到实施。但是在农业生态环保实际工作过程中，许多方面还存在着一些不够客观、不够正确的认识。比如，有的地方对化肥的施用予以绝对排斥；有的地方认为养殖业有污染，就采取了一律关停的措施；有些人认为沼液有害不能用等。这些认识，最终会阻碍农业生态环保工作正常开展。编者认为极有必要对问题进行梳理和汇总，从科普的角度编写一本书，以一种读者喜闻乐见的方式来进行说明，以期对广大一线农业科技推广工作者，及相关主管部门人员起到一些有益的启示作用。

在编写过程中，书稿经过了多次修改，力求能较好地凝练并反映现实问题，以及对问题的解释尽量做到科学客观。为此，本书从资源高效利用、废弃物无害化处理、农业环境整治、种养结合生态农业、农田景观构建五个方面进行剖析，共设五篇。

全书五篇内容共设了56个典型例子，每个例子一开始都提出了一个不完整、不客观或较极端的观点，需要进行阐释和分析。所以在正文结构编排上，编者设计了“三人谈”，其中甲方提出问题、乙方进一步阐述，但他们都或多或少存在认识激进、片面或不当之处，丙方来纠正不当观点、阐释正确认识。限于编者认识水平，我们对许多问题仍然把握不准，有的地方分析得也不够全面和深入，书中也有很多值得商榷的地方，希望读者能多提宝贵意见和建议。

在本书编写过程中，我们得到了各方面领导、同事和相关专家的支持与帮助，特别是刘晶同志在本书配图方面做出了重要贡献，在此一并表示衷心感谢。

由于时间仓促，加之水平有限，书中不妥之处难免，敬请读者批评指正，以便再版修订。

编 者

2018年10月

例2：有机肥可以完全取代化肥吗？

甲：有机肥是好肥料，化肥毁土地，种地只用有机肥就可以了。

乙：就是，有机肥便宜，还对土壤好，完全没必要用化肥。

丙：有机肥能替代部分化肥，但不能完全取代化肥。各种肥料本身没有好坏之分，有机肥能提供氮、磷、钾养分和有机质，有利于改良土壤，有机肥养分含量低，养分经过微生物分解才能被作物利用，属于缓效肥料；化肥多数提供的是速效养分，能满足作物快速生长时对养分的大量需求。科学施肥应该把有机肥与化肥合理搭配，既培肥土壤为作物生产提供良好的生长条件，同时又满足作物生长对养分的大量需求，增产增收，维持农业可持续发展。

有机肥是好肥料，
化肥毁土地，种地
只用有机肥就可以了。
就是，有机肥便宜，
还对土壤好，完全没必要用化肥。
有机肥不能完全替代化肥。
有机肥养分全但肥效慢；
化肥养分速效。
化肥君
有机肥君
速效型选手
缓效型选手

将两者合理搭配，
效果“1+1>2”。

最佳拍档！
金奖
化肥君
有机肥君
合理搭配，互相帮助 1+1>2

例3：施用硝态氮肥对人体是有害的吗？

甲：施用硝态氮肥，农产品会积累硝态氮。

乙：硝态氮含量高了，听说对人体有害！

甲：所以，应该限制给作物施用硝态氮肥。

丙：硝态氮肥使用合理是没有害的。农产品中硝态氮含量过高，硝态氮在人体中转化成亚硝酸盐，亚硝酸盐对人体有害，但不是说使用硝态氮肥就会对人体有害。氮肥主要包括铵态氮肥和硝态氮肥，铵态氮肥施入土壤后，在微生物的作用下很快就变成硝态氮，作物吸收的主要还是硝态氮。另外，蔬菜等作物还偏好吸收硝态氮呢。关键是适量施用氮肥，别过量。硝态氮肥使用合理不一定会造成农产品硝酸盐含量超标，而铵态氮肥施用过量也会造成蔬菜产品中硝酸盐含量超标。只要合理施用氮肥就能避免上述问题。

目　　录

资源高效利用篇

例1：施用化肥生产的农产品不是好产品吗？

甲：这是不施化肥种出来的，纯天然，好吃。

乙：是啊！用了化肥的瓜果吃起来不是小时候的味道了，水了吧唧的……

甲：施化肥的瓜果也就是产量高，味道与品质不一定好。

丙：未必吧，化肥使用得当农产品品质也不错。有些农产品生产中化肥用多了，超量几倍的都有，再加上养分比例不平衡，所以农产品个头很大，但内在品质不好。关键是要平衡施肥，无土栽培用的全是化肥，但营养液配方与用量合理，瓜菜长得既好看又好吃。

施用硝态氮肥，
农产品会积累硝态氮。
硝态氮含量高了，
听说对人体有害！
所以，
应该限制给作物施用硝态氮肥。
硝态氮是作物利用的主要氮素形态之一，
铵态氮在土壤中很快会变成硝态氮。
铵态氮肥

硝态氮在人体内转化为亚硝酸盐
才有对身体有害的风险。
有害身体 风险
NO₂⁻ NO₂⁻ NO₂⁻ NO₂⁻ NO₂⁻ NO₂⁻ NO₂⁻

氮肥使用合理，
农产品中的硝态氮含量不会超标，
安全可控。
放心
不会超标
合理使用
铵态氮肥

例4：施用化肥必然会破坏土壤吗？

甲：用化肥就是毁土地！

乙：是啊！用了化肥的土硬得跟水泥地一样，以前还能看见蚯蚓，现在什么都没了……

甲：种的作物也越长越差！

丙：长期过量施单一化肥确实毁土地，但根据种的作物和地力水平，有机肥和化肥合理搭配、适量施用，并不会破坏土壤，还对土壤养分是有效的补充，促进作物生长，并且作物生产量大后，残留在土壤中的有机质与养分增多，反而有利于培肥土壤。

用化肥就是毁土地！
种的作物也越长越差！

是啊！用了化肥土硬得跟水泥地一样，
以前还能看见蚯蚓，现在什么都没了……

长期过量施单一化肥确实不好。
硬如水泥
我已死……

化肥
有机肥
关键是要因土、
因作物定量施用化肥，
能够配合有机肥培肥土壤则更好。

例5：磷、钾元素是品质元素，所以磷、钾肥是好东西，施用多多益善，对吗？

甲：多施磷、钾肥，作物长得好。

乙：品质还好呢，听说磷、钾肥是品质元素，多施了瓜香果甜。

甲：种果种菜，除了要多施有机肥外，就是要加大磷、钾肥的施用比例。

丙：凡事不可绝对，过去偏重施氮肥是不对，氮、磷、钾养分供应会失衡，导致农产品品质下降，适当补充磷、钾肥有利于提高产量、改善品质。不过现在有些地方有机肥用量很大，其提供的磷、钾养分已经足够了，还大量施用磷、钾化肥。一是过量施用磷、钾，作物吸收不了，造成肥料浪费，增加了农民生产成本；二是土壤磷、钾大量富集，会影响作物对其他养分的吸收，最终会影响产量和品质；三是磷也是污染因子，磷在土壤中大量积累，随着地表径流，也会造成水污染，增加了环境风险。

多施磷、钾肥，作物长得好。
作物品质还好呢，
磷、钾肥多施了瓜香果甜。

凡事不可绝对。磷、钾肥施用过量，
一则造成养分浪费、增加农民投入；
钱袋子
磷、钾肥

二则影响作物对其他养分的吸收、减产降质；
过量
合理

三则增加了磷素地表流失风险。
P
P
P
P
P
P
P
P
P
P

例6：有机肥养分全面，比化肥好得多，要多使用，对吗？

甲：有机肥是个好东西。

乙：是啊！有机肥养分全面，多用些，作物产量就高，品质就越好，吃起来更有味道。

丙：确实，有机肥养分全面，合理施用可以提高产量改善品质，风味也更好。但凡事都有两面性，有机肥施多了同样会对土壤环境产生危害，过量地施有机肥，有效养分当季供应量大大高于作物正常生长的需求量，作物不但不增产，甚至会减产，而且多余养分累积到土壤中，会发生淋溶与径流风险造成水体污染。同时，过量施入有机肥，可能造成盐分和重金属在土壤中累积，影响作物生长，危害农产品质量安全。

有机肥是个好东西。
是啊！有机肥养分全面，多用了作物产量就高，品质好，更有味道。
累积过多有风险
过犹不及。
有机肥施用过量，
一方面同样会引起土壤中氮、磷累积，
加大流失风险；

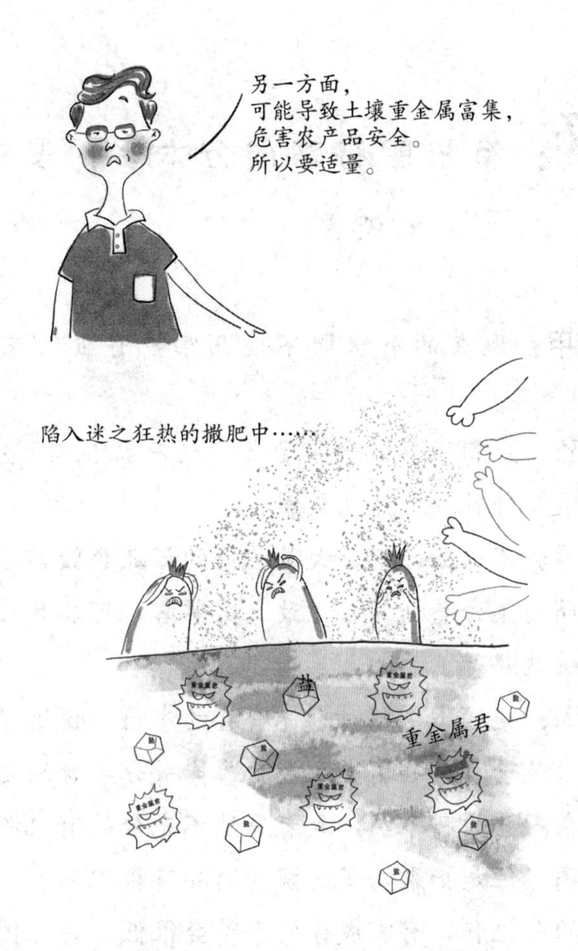
另一方面，
可能导致土壤重金属富集，
危害农产品安全。
所以要适量。
陷入迷之狂热的撒肥中……
盐
重金属君

例7：有机肥有害成分太多，没法用了，对吗？

甲：现在的有机肥不能用啦，有毒的东西太多了！

乙：是啊！不仅含重金属，还有抗生素成分等，对土壤、作物和人产生毒害。

甲：不仅如此啊，大量施用的话还会毁苗，造成土壤硝态氮含量增加，导致土壤淋溶，可能导致地下水硝酸盐超标。

丙：施硝态氮肥对人体有害的事前面说过了。有机肥中是含有一些菌类及重金属等成分，特别是市场上存在一些原料不明，或者腐熟不充分的有机肥，风险很高。但是如果购买正规的商品有机肥和完全发酵腐熟的有机肥，有害成分的含量会很低，符合国家标准；如果再配合化肥使用，进行合理施肥，使用有机肥风险是可控的。

现在的有机肥不能用啦，有毒的东西太多了！

是啊！不仅含重金属，还有抗生素成分等，
对土壤、作物和人产生毒害。

原料重金属、抗生素等污染物
含量高的、质量低劣的，
或者腐熟不充分的有机肥，
风险的确较高。

重金属
抗生素
病菌
农药残留
不明有机肥
NO

正规的、完全腐熟的有机肥，
有害成分含量很低，
适量使用，风险可控。

撒花
鼓掌
正规有机肥
优质熟男的魅力！

例8：庄稼一枝花，全靠粪当家，粪大水勤没有错，对吗？

甲：咱们得多浇水、多施粪肥啊，要不然庄稼长不好！品质、产量都靠水靠肥啊。

乙：粪、水供应足，作物才能多吸收养分，庄稼才能长得旺，咱们才会有好收成，可不是这个理儿吗！

甲：对呀！粪大水勤，土壤才会越来越肥，咱们才能有好收益。

丙：在化肥使用之前，农业生产主要靠使用粪肥田促进作物生长，土壤比较瘠薄，粪肥资源比较紧张，使用粪比较多，浇水跟得上，作物产量比较高。由于粪肥使用麻烦，现在农业生产中大量使用化肥，很少使用粪肥。粪肥主要集中在大型养殖场附近，粪肥使用过多，也会因养分供应过多而烧苗，作物不一定会长得好，而且过量使用粪肥容易造成养分淋溶或径流损失，容易污染环境。同一种作物不同的生长时期，需要的营养元素和水分不同，要根据其生长规律，合理搭配不同的肥料品种，进行适时、适量地施肥与浇水，才能保证作物有好收成。

现在农业生产中化肥使用量大了，
由于麻烦，粪肥用得少了。
粪肥资源主要集中在大型养殖场附近。
粪肥使用过多，
会因养分供应过多而烧苗，
作物不一定长得好，
而且过量用粪肥易造成养分淋溶或径流损失，
污染环境。

粪上多了，快烧死了……

不同作物不同生长时期，需要养分和水分量
不同，要适时、适量地施肥与浇水，
才能保证作物有好收成。

浪花一朵朵

水浇多了，快淹死了……

例9：沼液有害不能用吗？

甲：沼液最好不要用来浇地种作物，有这回事么？

乙：听说沼液里还有好多有毒污染物质，施用后种的菜都没法吃了，把土地也给毁了……

丙：这属于误导。沼液是含有一些副成分，副成分有益有弊，上面说的是不利的成分，但沼液同时还含有各类氨基酸、维生素、赤霉素、生长素、糖类等成分，沼液好坏关键要看怎么用、用多少，用好了是安全的、很好的速效肥料。根据作物需肥规律、土壤物理化学性状，对其进行合理调配和精准使用，是不会造成土壤和作物污染的，反而还有增产、提高品质的功效。

沼液最好不要用来浇地种作物，
有这回事么？

听说沼液里还有好多有毒污染物质，
施用后种菜没法吃了，
把土地也给毁了……

这是片面的认识。
沼液是含有少许有害副成分，
同时也含有更多的养分、氨基酸等
有益成分，适量使用不会造成污染，
还能提高作物产量和品质。

例10：生物源农药就是安全的，施用多多益善？

甲：生物的就是安全的，所以生物源农药可以大量使用。

乙：是的，现在都说生物的就是无毒性、安全的，多用点肯定没错。

丙：和化学农药相比，大多数生物源农药对哺乳动物毒性较低，但不是所有的生物源农药都是低毒的，在使用过程中应该依据使用说明在关键期适当、对症用药，特别要严格控制配药浓度，不能擅自加大浓度、超量施用。

生物的就是安全的，
所以生物源农药可以大量使用。
安全

是的，现在都说生物的就是
无毒性、安全的，
多用点没事。
头号粉丝

生物源农药

和化学农药相比，
大多数生物源农药对哺乳动物毒性较低，
但不是所有的都是低毒的。

在使用过程中
应该依据使用说明
在关键期适当对症用药，
特别要严格控制配药浓度，
不能擅自加大浓度、超量施用。

重要的事情说三遍!!!
不能超量施用!
不能超量施用!
不能超量施用!
生物源
生物源农药
生物源农药
说明书
请严格按照
说明使用……

例11：有虫眼的蔬菜是安全的吗？

甲：买蔬菜还是买带虫眼的吧，打药少！

乙：是啊，现在农民打农药太厉害了，蔬菜农药残留得多，都不敢吃了！带虫眼的肯定打药少，会安全些！

甲：没错，虫子吃不死，人吃了也没事！

丙：可不是这么个说法！看蔬菜有没有虫眼判断它是否有农药残留是不科学的。有很多虫眼只能说明蔬菜曾经有过虫害，并不能表示没有喷洒过农药。有时候蔬菜虫眼多，菜农为了杀死这些害虫反而喷药会更多。应该采取预防为主、综合防治的措施，减少化学农药的用量，适时、合理、高效、安全地用药，防止病虫害的发生与发展，种出来的蔬菜才是最安全的。

买蔬菜还是买带虫眼的吧，打药少！
是啊，现在蔬菜农药残留多，
都不敢吃了！
带虫眼的肯定打药少，
会安全些！
没错，虫子吃不死，
人吃了也没事！

这种说法不科学。
有虫眼，说明曾经有过虫害。
好多害虫呀！

我喷！我喷！
我喷喷喷！
为了杀死害虫可能喷药更多。
不能根据有无虫眼
判断蔬菜农药残留多少。

例12：用了农药、植物生长调节剂和除草剂的农作物是不安全的吗？

甲：农药、植物生长调节剂和除草剂是不安全的，千万别使用！

乙：对，一旦使用这些物质，不仅影响作物生长，而且残留在农作物的农药通过食物链逐级传递，对人和动物产生严重危害。

丙：你们说的不客观，农药、植物生长调节剂和除草剂没有那么可怕，只有乱用或超剂量使用才会对农产品安全构成一定威胁，严格按照操作规程使用，反而会有助于提高农作物生产效率与农产品品质。

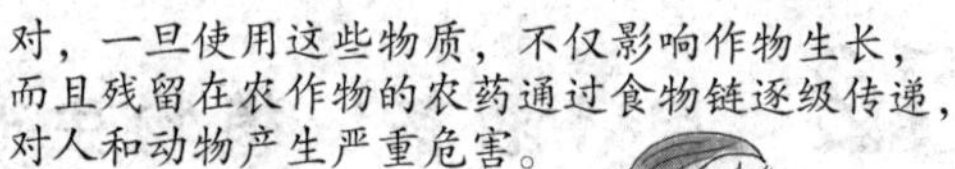
农药、植物生长调节剂和除草剂是不安全的，千万别使用！

对，一旦使用这些物质，不仅影响作物生长，
而且残留在农作物的农药通过食物链逐级传递，
对人和动物产生严重危害。

你们说的不客观，
农药、植物生长调节剂和除草剂没有那么可怕。
只有乱用或超剂量使用，才会对农产品安全构
成一定威胁。

"凶猛"地乱用
农药
除草剂
植物生长
调节剂
怕怕~

严格按照操作规程施用，反而会有助于提高农作物生产效率与农产品品质。
农药
除草剂
植物生长调节剂
温柔地呵护~

废弃物无害化处理篇

例13：治理畜禽养殖污染，养殖场一关就行？

甲： 养猪场、养鸡场污染那么大，早就应该关掉。

乙： 是啊，关掉的话就等于直接切断污染来源，多好。

甲： 没错，不仅如此，畜禽粪便随意堆放，传播病原菌，危害人畜健康。

丙： 一关了事当然是省事了。但关了养殖场，谁来为我们提供肉、蛋、奶？治理畜禽养殖污染，还是应采取“源头削减、过程控制、末端治理”的综合措施。首先，合理规划养殖场选址，远离居民区，配套农田与绿化；其次，采用健康养殖方式，改善养殖环境，减少臭气和废液产生；最后，收集处理养殖过程产生的各种废弃物，如粪尿进行沼气发酵制备生物能源，固体畜禽粪便和沼渣可以堆制有机肥，沼液和堆肥用于农田施肥，实现“近零排放”和环境友好。

不能一关了事，
都不养殖谁来提供肉、蛋、奶?
污染综合防控更关键。
前期：养殖场选址要远离居民区，
规模上要考虑区域承载力，
同时配套农田与绿化。

遥远的距离

养殖环节要科学，减少臭气排放。
二师兄，
你又折腾得臭气熏天！
神奇的处理
沼气发酵
堆制有机肥
要强化养殖废弃物无害化处理，
实现资源化利用。

例14：畜禽粪便可以直接田间施用吗？

甲：现在都流行种植养殖结合，我们家也跟上步伐了呢。

乙：哦，怎么回事？

甲：我把畜禽粪便直接施用到田间地头啊。

乙：是呀，畜禽粪便含有很多营养物质，只要收集好，就可以直接田间施用了。

丙：畜禽粪便虽然含有很多土壤和植物需要的有益物质，但同时还含有很多副成分，如致病菌、抗生素、杂草种子等。施用前一定要适当处理，如厌氧发酵、高温堆肥等，可以杀灭病虫卵、灭活杂草种子、去除抗生素、钝化重金属，并避免粪便在土壤中二次发酵而影响作物生长。

现在都流行种养结合，
我们把畜禽粪便当肥料直接施用到田里了。

那倒省事，不用堆沤了。

不能这样做！
虽然畜禽粪便含有很多营养物质，
但也含有致病菌、抗生素、
杂草种子等。

NO!

需经过好氧或厌氧发酵处理，
实现无害化、稳定化，
避免粪便在土壤中二次发酵
而影响作物生长。

粪粪的修炼~

例15：畜禽粪便肥料化处理可以实现重金属零残留吗？

甲： 粪便无害化处理可以使处理后的粪便中重金属等无残留！

乙： 是啊！粪便里的重金属累积多了，土壤就被污染了。

甲： 作物吸收这些物质后不能食用了。

丙： 要做到零残留是不现实的，尤其是重金属，不可能完全去除，无论从成本和技术都难以达到。重金属控制：一是减少饲料中重金属的含量；二是重金属超标的原料不能用于制作有机肥；三是通过钝化等技术降低有机肥中重金属的活性，减少作物对重金属的吸收。只要有机肥中重金属含量符合国家有机肥控制标准 NY/T 525—2012《有机肥料》即可，施用后对土壤和农作物基本不会产生负面影响。

粪便肥料化处理了，
重金属就没了！
是啊！重金属没了，
环境和食物都安全了！
要做到零残留是不现实的，
尤其是重金属，
不可能完全去除，
无论从成本和技术都难以达到。
重金属控制：
一是减少饲料中重金属的含量；
投诉
饲 料
重金属
重金属超标！！！

三是通过钝化等技术
降低有机肥中重金属的活性，
减少作物对重金属的吸收。
只要有机肥中重金属含量
符合国家有机肥控制标准
NY/T 525—2012《有机肥料》即可，
施用后对土壤和农作物
基本不会产生负面影响。

例16：处理养殖废弃物只有靠有机肥产业吗？

甲：处理养殖废弃物，生产有机肥是首选，应推动有机肥产业化。

乙：没错，实现了有机肥产业化，能更好地利用废弃物嘞！

丙：不完全对，处理养殖废弃物是一个系统工程，仅靠有机肥产业不能解决全部问题，要依据养殖场自身特点来选择处理方式。比如采用水泡粪或水冲粪的养殖场，适宜进行沼气工程化处理，沼渣用于加工固体有机肥，沼液用于灌溉与追肥；采用干清粪的养殖场，固体粪便可以发酵生产有机肥。但养殖废弃物处理也与养殖场规模有关系，小规模的养殖场采用种养结合方式，就地农田堆肥消纳粪污，更为经济可行。

处理养殖废弃物，生产有机肥是首选，只能靠推动有机肥产业化。
没错，实现了有机肥产业化，能更好地利用废弃物！

不完全对，
处理养殖废弃物是一个系统工程，
仅靠有机肥产业不能解决全部问题。
要依据养殖场自身特点
来选择处理方式。
小规模养殖场
大规模养殖场
采用水冲粪工艺的养殖场
采用干清粪的养殖场

比如采用水泡粪或水冲粪工艺的养殖场，
适宜进行沼气工程化处理，
沼渣再用来加工固体有机肥，
沼液用于灌溉与追肥。
养殖场
沼气
沼液
沼渣
有机肥
采用干清粪的养殖场，
固体粪便可以发酵生产有机肥，
推进产业化。
但养殖废弃物处理也与规模有关系，
小规模的养殖场
采用种养结合方式，
就地农田堆肥消纳粪污，
更为经济可行。
养殖场
发酵
有机肥
有机肥
有机肥

例17：堆肥发酵过程中添加的菌剂越多越好吗？

甲： 菌剂是个好东西，在堆肥过程中应该多加。

乙： 使用菌剂能提高发酵温度，加速发酵，提高肥料品质，有百利而无一害啊！

甲： 而且增加土壤微生物多样性，对土壤也有好处。

丙： 堆肥过程中添加适量的菌剂是有好处的，能够促进纤维素分解、提高腐熟度、缩短发酵时间等。但是添加也要合理，由于不同菌剂作用不同，盲目地添加菌剂提高了堆肥成本，也难以达到进一步促进发酵的效果。加菌发酵过程是菌数指数增长过程，增长速率极快，有的堆肥原料本身比较容易发酵，并不缺少发酵微生物，只要工艺及原料配方（C/N）合理，甚至是不用人为加入菌剂的。

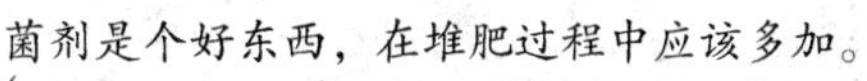
菌剂是个好东西，在堆肥过程中应该多加。
GOOD!
菌剂

使用菌剂能提高发酵温度，
加速发酵，提高肥料品质。

添加菌剂能够促进纤维素分解，
提高腐熟度，缩短发酵时间。
菌剂
促进纤维分解
提高腐熟度
缩短发酵时间

过量添加效果不一定好，
还提高了堆肥成本。
成本
菌剂
过量啦~
有的原料易分解腐熟，
甚至可以不添加菌剂。
菌剂
扔！
原料易分解

例18：堆肥发酵过程温度越高，肥效越好吗？

甲：有机肥施用之前要进行堆肥处理，温度越高越好。

乙：是的，进行堆肥发酵一定要高温，可以杀死有害虫卵、细菌、病毒等许多有害生物。

丙：堆肥发酵一定要控制好堆体温度，但并不是温度越高越好。温度过低会影响堆肥的无害化和减量化，温度过高则容易引起碳、氮损失，反而减少养分含量，而且温度过高可能会杀死堆肥原料中进行有机物质代谢分解的细菌和真菌，从而降低堆肥腐熟效果和肥效。

堆肥时候温度越高越好。
是的，温度越高，
杀死有害虫卵、病毒等有害
生物的效果越好，肥效越高。

堆肥发酵需控制好堆体温度，
但并不是越高越好。
NO!
温度要爆表啦！！！

温度过高容易引起碳、氮损失，
减少养分含量。
C
N
就让我随风而逝~
同时会杀死堆肥原料中进行
有机物质代谢分解的微生物，
反而降低堆肥腐熟效果和肥效。
DEAD~
微生物难兄难弟

例19：畜禽粪污中抗生素含量低，施入土壤后会降解，所以畜禽粪污处理不必关注抗生素了，对吗？

甲：畜禽粪污中抗生素含量低，对土壤影响不大，不必过度关注。

乙：残留的那点抗生素施入土壤后就被土壤微生物降解了，没啥危害。

甲：你看，畜禽粪污也没有制定抗生素含量标准，说明问题不大。

丙：畜禽养殖粪污排出过程中携带着部分抗生素，长期积累，可能导致土壤微生物产生抗药性、引发生态风险，所以一定要通过合理措施处理畜禽粪污、降解抗生素后才能还田利用。

畜禽粪污中抗生素含量低，不必过度关注。

残留的抗生素施入土壤后会被微生物降解，
没啥危害。

畜禽粪污携带抗生素，
不加处理直接施用到土壤，
可能导致土壤微生物产生抗药性、
引发生态风险。

体检报告
抗生素浓度
合格!

所以要采取合理措施处理畜禽粪污、
降解抗生素后使用才能确保安全。

例20：有机肥越臭越好吗？

甲：我那有机肥可好了，“臭味纯正”！

乙：有机肥的好坏还跟臭味有关？

甲：这你就不知道了吧，有机肥越臭，肥效越好，作物产量越高。

丙：不是啊，发酵好的有机肥不但没有恶臭，而且含有一种令人愉快的腐熟的泥土芳香。有机肥含有臭味是因为堆体缺氧导致厌氧发酵，没有进行完整的好氧发酵，腐熟不彻底，这样的有机肥施用后易对作物根系产生毒害作用，危害作物生长，所以有机肥不是越臭越好。

我那有机肥可好了，
“臭味浓”！
有机肥的好坏还
跟臭味有关？
这你就不知道了吧，
有机肥越臭，肥效越好，
作物产量越高。

臭味是因为堆体发酵
不完全、腐熟不彻底。
臭死了!!!
发酵不完全
腐熟不彻底

这样的有机肥易对作物根系产生毒害作用。
臭~
已中毒…

芳香~
发酵良好有机肥

发酵好的有机肥不但没有恶臭，
而且还含有一种令人愉快的腐熟的泥土芳香。
所以有机肥不是越臭越好。

例21：畜禽粪污厌氧发酵主要是为了获得沼气吗？

甲：畜禽粪污厌氧发酵就是为了获得沼气。

乙：对啊，沼气不仅能供农户使用，而且还能发电、用于锅炉供暖，用处太多了。

甲：而且污染小，是咱们农村很好的清洁能源哩！

丙：你们说的不全对，沼气工程通过厌氧发酵不仅仅可以获得沼气，而且还可以处理畜禽粪便生产沼肥，获得质优价廉的好肥料，沼气工程的主要目的是实现畜禽粪污无害化、减量化、资源化的综合利用。如果单纯为了获得沼气，从经济上来看，是不划算的。

畜禽粪污厌氧发酵就是为了利用沼气。
而且污染小，
是咱们农村很好的清洁能源。
对啊，沼气不仅能供农户使用，而且还能发电、
用于锅炉供暖，用处太多了。

你们说的不全对，
畜禽粪污厌氧发酵的主要目的
是无害化处理养殖废弃物。
厌氧发酵
期待一个崭新的自己…

同时获得清洁能源——沼气。
俺就是神奇的"沼气"

变粪为宝

还能生产质优价廉的沼肥。
如果单纯为了获得沼气，
从经济上来看，是不划算的。

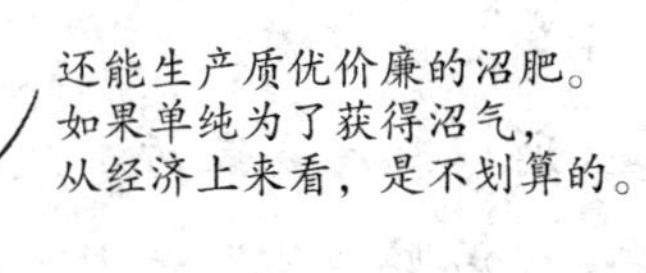
算盘打起来！
沼肥
沼肥
沼肥

例22：粪污无害化后还田利用是另类的“排污”吗？

甲：粪污又脏又臭，其实就是污水啊，排到地里那不就是排污吗。

乙：而且粪污中含有很多致病菌、重金属啥的，种出的庄稼谁敢吃啊。

甲：所以粪污要像污水处理那样达标排放才行。

丙：粪污脏臭其实是因为黏性大、含有易挥发刺激性气体，通过工程技术措施处理后可实现粪污的无害化，问题已经得到了很好的解决。而且粪污中含有一定量养分和作物生长调节物质，粪污经过无害化、肥料化加工处理，生产出固体、液体有机肥，施用到农田中能有效地改良土壤、为作物生长提供养分、促进作物生长，是一种很好的有机肥，所以粪污处理后还田利用不是另类的“排污”，而是农业废弃物资源的循环利用。

粪污又脏又臭，其实就是污水啊，
排到地里那不就是排污吗。
所以粪污要像污水处理那样达标排放才行。

而且粪污中含有很多致病菌、重金属啥的，种出的庄稼谁敢吃啊。

粪污脏臭其实是因为黏性大、
含有易挥发刺激性气体，
通过工程技术措施处理后可实现无害化，
问题已经得到了很好的解决。

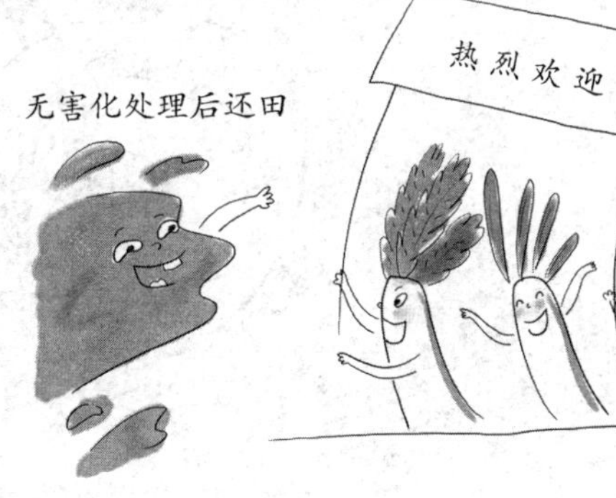
无害化处理后还田
热烈欢迎

而且粪污中含有一定量养分和作物生长调节物质，
经过处理，生产出固体、液体有机肥，
施用到农田中能有效地改良土壤、提供养分，
是一种很好的有机肥。
YEAH!
元气满满~
生长激素
养分

所以粪污处理后还田利用不是另类的“排污”，
而是农业废弃物资源的循环利用。
循环利用

例23：土壤有足够的能力去消纳沼液，沼液用量可多可少，对吗？

甲： 沼液有养分，可以当肥料施用。

乙： 听说养分含量不高，每次施用就当浇水了。土壤足以消纳，多施些不要紧！

丙： 沼液养分含量是相对不高，但施用量也要适度。土壤承载力有一定限度，过多地施用沼液不仅不利作物根系生长，还会降低作物产量和品质，而且危害土壤环境质量安全。

沼液有养分，
可以当肥料施用。
听说养分含量不高，
每次施用就当浇水了，
多灌些不要紧！

沼液养分含量是相对不高，
但施用量也要适度。
豪放派
沼液管道

土壤承载力有一定限度，
过多地施用沼液不利作物根系生长，
最终降低作物产量和品质，
也会危害土壤环境质量。
灾~难~呀！！！
过量的沼液

例24：解决地膜残留要靠生物降解型地膜，对吗？

甲：现在建议别用传统地膜了，土壤残留问题很严重。

乙：用生物降解地膜吧，无残留。

丙：使用生物降解地膜也不能完全解决地膜残留问题。一是生物地膜并非完全降解。当前生物降解地膜可分为完全生物降解地膜和添加型生物降解地膜，添加型生物降解地膜是以不具有生物降解特性的通用塑料为基础，其存留的PE或聚酯并不能完全生物降解。二是生物降解地膜降解也需要一个过程，生物降解也要考虑使用条件和使用方法，使用土壤不适合生物降解，或者使用方法不合适，也存在降解难的问题。因此，解决地膜残留问题不能光靠生物降解地膜，还得合理地使用与回收。

使用生物降解地膜也不能完全解决地膜残留问题。
一是生物降解地膜并不都能完全降解。
当前生物降解地膜分为完全生物降解和添加型生物降解地膜，添加型地膜是以不具有生物降解特性的通用塑料为基础制成的，其存留的PE或聚酯并不能完全生物降解。

二是地膜降解也需要一个过程，
生物降解也要考虑使用条件和方法，
使用土壤不适合生物降解，
或者使用方法不合适，
也存在降解难的问题。
日升月落，
斗转星移，
为啥就是不降解？？？
细菌
微生物
细菌
微生物
少的可怜…
因此呀，
解决地膜残留问题
不能光靠生物降解地膜，
还得合理地使用与回收。
合理使用
勤劳君
合理回收
勤劳君

例25：农用地膜越薄越好吗？

甲：这厚地膜呀，勤换吧，舍不得，不换吧，又影响保温效果。

乙：哎，现在好了，都是薄地膜了，年年换也不心疼了。

甲：那这么说，地膜是越薄越好呀，成本低。

丙：国家对地膜厚度要严格标准要求，严禁使用超薄地膜。地膜太薄了易破碎，保温效果不好，而且太薄的地膜不易捡拾回收，长期留存土地中会造成白色污染，破坏土壤结构，影响农事操作，危害作物生长。

这厚地膜呀，勤换吧，舍不得，不换吧，又影响保温效果。
现在我用的都是薄地膜，年年换也不心疼了。
那这么说，地膜是越薄越好呀，成本低。

国家对地膜厚度要严格标准要求，严禁使用超薄地膜。一是地膜太薄了易破碎，保温效果不好。
!!
宝宝心里苦~
瑟瑟发抖…

二是太薄的地膜不易捡拾回收，
长期留存土地中会造成白色污染，
破坏土壤结构，
影响农事操作，
危害作物生长。
不由得
怒火中烧！！！

农业环境治理篇

例26：我国农业环境污染主要是经济增长太快造成的吗？

甲：我国经济经历三十多年高速增长，环境质量，尤其是农业环境污染问题日趋恶化。

乙：的确。化肥、农药施用过量，土壤污染严峻；饲料非法添加“禁药”，畜禽养殖污染严重，这些对农业可持续发展和人体健康构成了威胁。

甲：所以，放慢经济发展速度，是控制农业环境污染的有效方法。

丙：经济增长和农业环境污染并非相伴而生。在经济发展初期，受资金、技术等因素的限制，经济快速增长的同时也产生环境污染问题；从长期来看，依靠农业产业结构转型和升级以及技术进步，我国农业可以实现高增长、低污染的绿色农业增长模式。在新时代，我国坚定走生产发展、生活富裕、生态良好的文明发展道路。

我国经济高速发展，
环境受到影响，
尤其是农业环境。
GDP
2001
2020
的确。化肥、农药用的太多，
土壤都污染了，严重威胁农业
可持续发展和人体健康。
要想保护农业环境，就得放慢经济发展。

经济增长≠农业环境污染。
背黑锅……
都是你的错！
经济发展君

千疮百孔的土壤君

目前农业环境污染问题，
主要是因为过度追求经济效益
及技术限制等因素。
一切向钱看！
依靠农业产业结构转型、
升级以及技术进步，
我国可以实现经济稳定增长、
农业绿色发展。
YES!
经济稳定增长
农业绿色发展

例27：治理农业环境污染，就会影响农作物产量和农民收入吗？

甲：要保护环境，治理环境污染，就得控制化肥、农药投入量，但产量怎么保证？没有产量，哪来的经济效益？

乙：对，要想保证农民收入，就没法考虑，也顾不上保护环境！

丙：农业环境污染治理中的化肥农药减量是指控制农药化肥的过量使用，措施得当不会影响农民收入。不合理施用化肥农药，不仅造成资源浪费，不利于效益提高，而且对生态环境更是一种污染，直接影响农业的可持续发展。治理环境是引导大家合理施肥、施药，在保护环境的同时，实现保证粮食产量、节约生产成本的目标，给子孙后代留下一个可持续利用的农田生态环境。

要治理农业环境污染，
控制化肥、农药投入，
哪来的收成？
对，要想保证农民收入，
哪顾得上保护环境！

治理农业环境污染和农民增收并不矛盾。
过量施肥、施药，
不仅造成资源浪费，
污染环境，
还增加了成本。

过量啦！！
化肥

环境污染

合理施肥、施药，
既能保证产量、收入，
又避免了环境污染。
农业环境污染治好了，
产量高了、品质好了，
农民收入自然上去了。

钱袋子
米袋子
大丰收

环境良好

例28：南方水多易污染要少养殖，北方水少多搞点养殖没关系，对吗？

甲： 南方水多，畜禽养殖很容易造成大面积污染，而北方水少，所以畜禽养殖应该移到北方去。

乙： 是的，南方水多，畜禽粪污一下子就漂散开来，畜禽养殖应该移到北方去，北方水少，不会有污染。

丙： 畜禽养殖的粪污排放量是一个相对稳定的数值，而且单位面积土地的畜禽承载量是一定的，不管南方、北方，超出承载量，同样都会产生污染，只不过水多的地方地表水污染更直观一些。因此，水少的地方畜禽养殖造成的大气污染、地下水污染一样也需要得到重视。

是的，水少了，污染就少了。
北方
南方
南方水多，
畜禽养殖很容易造成大面积污染，
而北方水少，适合养殖。

这是不对的。
畜禽养殖量决定粪污排放量，
而单位面积土地的畜禽承载量是一定的。
1、2、3…
列队报数！

辣眼睛！
不论哪儿，超出承载量
都会产生污染，
只不过水多的地方
地表水污染更直观一些。

北方养殖过多了，
同样也会造成大气、地下水污染。

一路向北！

例29：农业面源污染都是地表径流引起的吗？

甲：下雨把农田中的氮、磷、农药等冲刷到地表水体，污染湖泊和河流。

乙：是的，下雨少、没径流的地方就不会有农业面源污染。

甲：所以控制好地表径流，就可以治理好农业面源污染。

丙：农业面源污染形成因素很多，过量施肥、施药是主要的源头问题，而地表径流只是过程因素之一，还有地下淋溶、污染物挥发、大气沉降等都是农业面源污染重要途径。

一下雨就把土里的化肥、农药
冲到河、湖里面去了，
可不就污染了？
是的，
下雨少的地方就不会有农业面源污染。

这样说是片面的。
农业面源污染形成因素很多，
过量施肥、施药是主要的源头。

红灯警示！

过量啦！
化肥

地表径流只是过程因素之一，
还有地下淋溶、污染物挥发、大气沉降等
都是农业面源污染重要途径。
魑魅魍魉…
大气沉降
污染物挥发
地表径流
地下淋溶
面源污染

例30：相对而言，稻田排水多，农田氮、磷污染很严重，对吗？

甲：水稻播种面积大，大量的氮、磷等农田养分随排水流失，污染了周围水体和地下水，加重环境污染。

乙：没错。水稻也是农业灌溉用水大户，由农田排水造成的氮、磷损失已经成为南方地区农业面源污染的主要来源。

甲：所以，南方稻田的氮、磷污染很难改善。

丙：这个结论太片面。有研究表明，稻田是氮、磷的库，合理施肥，可以起到净化水体的作用。另外，传统的淹灌稻田排水主要为了满足农作物生长对土壤湿度和透气的需要，较少考虑排水对环境的影响。但是通过优化稻田蓄水深度、蓄水时间、排水方式，改进施肥方法，适当减少施肥用量，加强水肥管理，改变耕作制度，可有效地降低稻田氮、磷的排出量，能控制氮、磷污染。

稻田排水多，造成氮、磷的大量流失，导致环境污染。
没错。肥料还没被吸收，就被水带走了。
排水管

这个结论太片面。
一方面，稻田是氮、磷的库，可以起到净化水体的作用。

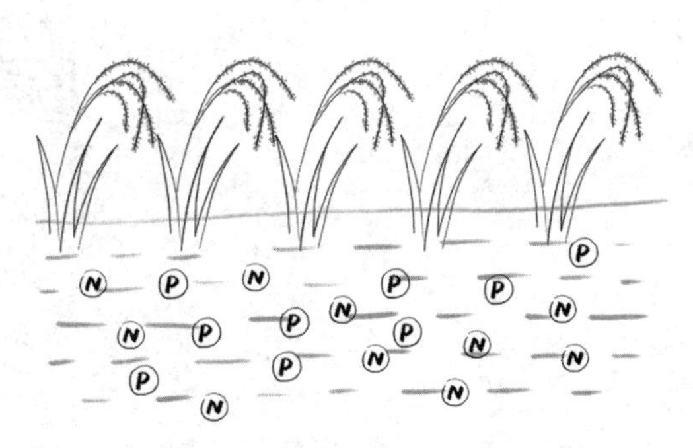
N
P

但是通过优化蓄水深度和时间、排水方式，
适当减少肥料用量，
改进施肥方法，
可进一步降低稻田氮、磷排出量。

赞！
讲究科学的方式方法
就是保护我们的环境
肥

例31：我国农田面源污染主要是氮污染吗？

甲：氮肥流失引起的环境污染是我国农业面源污染的主要问题。

乙：是的。氮素进入地下水引起地下水硝酸盐超标，进入地表水引起蓝藻水华，土壤中过量氮肥造成土壤板结、降低透气蓄水能力、引起土壤酸化。

甲：所以，控制氮污染就能解决我国农业面源污染问题。

丙：一般而言，农业面源污染指的是氮、磷、农药及其他污染物，随着降水或灌溉进入水体而形成污染。其中，氮素在土壤中的富集和输出是面源污染贡献大但又难以控制的问题之一。但也不能忘了，磷同样是引起水体富营养化的关键因素，特别是在淡水水体保护中更是这样，不可忽视。

氮肥流失引起的环境污染是我国农田面源污染的主要问题。

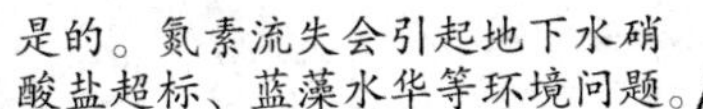
是的。氮素流失会引起地下水硝酸盐超标、蓝藻水华等环境问题。

农田面源污染指的是氮、磷、农药及其他污染物，随着降水或灌溉进入水体而形成污染。
排水管
被污染了…

不可否认，
氮素在地面中的富集和输出，
是面源污染主要因素之一。
令
緝
通
氮素君

但其他因素也不容忽视，
如磷是引起水体富营养化的关键因素。
令
緝
通
磷素君

例32：禁养就是什么都不让养了吗？

甲：国家划定了“禁养区”，实行“全面禁养”。

乙：那意思就是划定的区域内一头猪或其他禽畜也不能养，现有养殖活动一律禁止呗。

甲：对，“禁养区”就是“无畜禽区”了。

丙：按照有关政策规定，划定禁养、限养区，即禁止在以下区域建设养殖场和养殖小区：①生活饮用水的水源保护区、风景名胜区，以及自然保护区的核心区和缓冲区；②城镇居民区、文化教育科学研究区等人口集中区域；③法律、法规规定的其他禁养区域。可以看出，禁养区主要针对规模化养殖，而不是一头猪、一只鸡或其他畜禽。

听说国家划定了“禁养区”，
是不是啥都不让养了？
肯定是，
现有养殖活动一律禁止啊。

按规定，禁养区包括水源保护区、自然保护区，
以及人口集中的城镇居民区、文化教育科学研究区等。
禁
水源保护区

禁养的对象是养殖场和养殖小区等规模化养殖，
而不是一头猪、一只鸡或其他畜禽。

×××养殖场
关

例33：施用有机肥不会有氮、磷流失吗？

甲： 化肥的过量使用，增加了农田氮、磷流失量。有机肥氮、磷养分含量低，多用点也没事。

乙： 再说了，有机肥的养分全面，具有改善土壤、保肥保水的功能，可以控制氮、磷流失。所以，增加有机肥施用是减少农田氮、磷流失的有效方法。

丙： 有机肥中氮、磷等养分相对化肥来讲是比较低的，但长期大量使用有机肥，也会增加土壤氮、磷等养分富集，也会引起面源污染。所以，无论有机肥还是化肥，都要精准定量施用，防止过量投入才能减少氮、磷流失。

有机肥氮、磷养分低，多用点也没事。

再说了，有机肥施用可以改善土壤，保肥保水，所以氮、磷流失也少。

所以，多用有机肥是减少农田氮、磷流失的好方法。

无论有机肥还是化肥，
都要精准定量施用，
防止过量投入。

精准定量施用！！！
小喇叭
土地君

例34：沼液处理处置的目标就是达标排放吗？

甲：沼液是沼气发酵后的产物，产量巨大，处理沼液使其实现达标排放是根本目标和主推措施。

乙：没错。达标排放的沼液还可以补充地表水源，一举两得。

丙：沼液达标排放，只有在不具备农田利用条件的地方不得已才采取这样的策略。沼液中含有可溶态氮、磷、钾以及微量元素铁、铜、锰等，能被作物吸收利用，应优先考虑肥料化利用，提高农作物的产量和品质、增强防病抗逆作用。农田利用才是沼液处理的首选途径，既能大量消纳沼液防止其污染环境，减少沼液处理成本，又能实现沼液的资源化利用，替代部分化肥，一举两得。

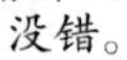
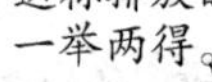

沼液是沼气发酵后的废弃物，
达标排放是根本目标。
没错。
达标排放的沼液还可以补充地表水源，
一举两得。

沼液达标排放
成本
沼液达标排放，
处理成本偏高，
只是在不具备农田利用条
件的地方采取的一种方式。

沼液中含有氮、磷、钾养分
以及微量元素铁、铜、锰等，
可被作物吸收利用，
应优先考虑肥料化利用。
而达标排放造成了资源浪费。
沼液
N
K
P
Mn
Cu
Fe
我美呀~
美呀~
美呀~
农田利用
首选
农田利用应是沼液处理的首选途径，
既降低处理成本，
又实现了沼液的资源化肥料利用。

例35：镉污染土壤上种不出质量达标的水稻吗？

甲：在镉污染农田土壤上种水稻，会怎么样？

乙：稻米镉含量会超标吧。

丙：采取措施对重金属镉污染土壤进行生物修复、物理修复，可以显著减少镉的迁移、降低生物可利用性，从而大幅度降低水稻对镉的吸收。另外，还有很多其他因素影响作物对镉的吸收。所以，土壤镉含量高，稻米镉含量不一定就会超标。

在镉污染农田土壤上种水稻，会怎么样？
稻米镉含量会超标吧。
关节痛～

我们这品种才不怕呢！
我要都给祸祸了！
影响水稻对镉的吸收有重金属形态、
水稻品种等多种因素，
土壤镉总量虽然高，
但稻米镉含量不一定超标。

通过对重金属镉污染土壤进行生物、物理修复，
可显著降低镉的活性，
生产出质量达标的稻米。
发功中…
物理修复
生物修复
镉
镉
镉
陷入长久的沉睡~

例36：农田土壤重金属全量不超标，农产品就是安全的吗？

甲：重金属污染农田听起来很可怕，但只要全量不超标，农产品就是安全的。

乙：是啊，测定重金属全量就知道了。

甲：指标明确，方法简单易行，产品是否安全，一目了然。

丙：土壤重金属的生物有效态含量才是决定其向作物转移可能性的大小的关键因素。不同农作物对重金属的吸收富集能力不同，总量不超标，但农产品重金属含量可能超标，所以，土壤重金属有效态含量比全量能够更为准确地衡量农产品的安全性。

是啊，
测定重金属全量就知道了。
重金属污染农田听起来很可怕，但只要全量不超标，农产品就是安全的。
指标明确，方法简单易行，
产品是否安全，一目了然。

轻度中毒
中度中毒
重度中毒
!!!
重金属的有效态含量才是影响农作物吸收、富集的关键因素。
农作物吸收富集重金属的能力差异大，
即使土壤中重金属全量不超标，
农产品重金属也可能会超标。

土壤重金属有效态含量比全量能够更为准确地衡量农产品的安全性。

种养结合生态农业篇

例37：生态农业就是传统农业的回归吗？

甲：媒体上最近一直在宣传生态农业，我觉得生态农业就是咱传统农业的回归。

乙：可不是嘛，以前一家一户收集粪便，每个大棚里面养猪，猪粪种菜，这不都是生态农业吗？

丙：不能完全这么说呀，我国历史上传统的农业操作方式应该说基本上属于生态型操作，有些好的理念和方法应该借鉴和应用。但受当时生产条件限制，那时的农业只是低水平生态农业，农作物种类少、产量低。目前农业集约化发展程度在提高，科技水平也在提升，农作物种类极大丰富，作物产量也大幅提高，生产条件也有极大改善。现代生态农业是能获得较高的经济、生态和社会效益的高效农业，不是简单传统农业的回归。

现在炒得很热的生态农业
不就是咱传统的农业嘛。

可不是嘛，
以前圈舍养猪、猪粪种地，
就是生态农业。

不能完全这么说呀，
我国历史上传统的农业应该说基本上属于生态型操作，
有些好的理念和方法，应该借鉴和应用。
猪舍

粪桶
粪桶

但受当时生产条件限制，
那时的农业只是低水平生态农业，
农作物种类少，产量低。

OH ~ NO~

哎~也是辛辛苦苦忙碌了一年哩…

目前，农业集约化程度提高，科技水平提升，生产条件极大改善，
现代生态农业既汲取了传统农业中的生态循环理念精华，
又充分利用了现代技术，是经济、生态和社会效益相结合的高效农业，
不是传统农业的简单回归。

例38：生态农业是政府关心的事情，与生态园区和个人没啥关系，对吗？

甲：发展生态农业是国家需要常抓的事情，我就一普通农户，关系不大，光我自己发展生态，别人不生态，能有什么用。

乙：说得太对了，我自己家地里搞生态种植，别的地方搞污染，还不是一样把我家的地搞得不生态了？

丙：生态农业事关大家，与每个人、每个园区和方方面面都紧密相关。农业确实具有多尺度特点，发展生态农业首先就需要每个人树立生态农业的意识，其次是不同尺度的生态农业各有其特点，每块地、每个园区、每个村、每个县都需要发展适合各自特色的生态农业。我们国家生态园、生态村和生态县的建设与评选就是基于此。只要每个园区和个人注意生态的维护、生态要素的体现，整个区域才能体现出大生态。一园不生态，何以天下生态？

发展生态农业是政府关心的事情，
与个人没什么关系。

太对了，
自己家地里再生态也影响不了大环境。

生态农业事关大家，
与每个人、每个园区和
方方面面都紧密相关。
好好的事情，
不要当成烫手山芋！
生态农业
冷漠
冷漠
冷漠
冷漠
冷漠
冷漠

农业具有多尺度特点，
首先发展生态农业需要每个人都树立生态农业意识，
其次是不同尺度的生态农业各有其特点，
每块地、每个园区、每个村、每个县都需要发展
适合各自特色的生态农业，我们国家生
态园、生态村和生态县的建设与评选
就是基于此。
评选开始！
生态园
生态村
生态县
只有每个园区和个人
都注意生态的维护、生态要素的体现，
整个区域才能体现出大生态。
维护生态
从我们每个人做起~

例39：有种有养就是生态循环农业吗？

甲：我园区里不仅种菜，还养了鸡，我搞的是高大上的生态循环农业。

乙：就养鸡哪够啊，还应该养羊、牛、猪等，动物越多越好。

丙：现代生态循环农业是将种植业、畜牧业、渔业等与加工业有机联系的综合经营方式，其利用微生物科技在农、林、牧、副、渔多模块间形成整体生态链的良性循环。它将为缓解农业污染、优化产业结构、节约农业资源、提高产出效率、改善农业生态、保障食品安全等提供系统化解决方案，并打造一种新型的多层次循环农业生态系统，形成一种良性的生态循环环境。因此，种养结合虽然是生态循环农业的重要特征，但不是简单种点菜、养几只鸡的事，也不是所有家禽家畜都养上一些就是生态循环农业。

既种菜，又养鸡，
就是高大上的生态循环农业。

还应该养羊、牛、猪等，
动物越多越好。

生态循环农业强调种、养、加工业生态链的整体良性循环。
通过优化产业结构，
节约农业资源、解决农业污染、
改善农业生态、保障食品安全。

例40：种养结合环节多、投资大，费时费力不划算，对吗？

甲：搞种养结合太麻烦！

乙：对，投资大、环节多，费时费力不划算。

甲：农产品还不一定卖得上价钱。

丙：种养结合是一种生态循环技术模式。种植与养殖互为支撑，种植消纳养殖的排泄物，养殖利用种植的农产品，互相促进。短期可能投资大、费时费力，但从长期看更科学环保，有利于农业可持续发展，而且种养结合找对模式，可实现资源综合利用，长期坚持形成良性循环，可降低生产成本，还可以增加农民收入。

种养结合是一种生态循环技术模式，
种植与养殖互为支撑，
种植消纳养殖的排泄物，
养殖利用种植的农产品，
互相促进。
种植
养殖
短期可能投资大、费时费力。
银子哗哗投~
汗水唰唰流~

但从长期看更科学环保，
种养结合找对模式，
可实现资源综合利用，
降低生产成本，
形成良性循环，
增加农民收入。
沉甸甸
收 入
成本
轻飘飘
种养结合
良性循环

例41：生态农业就是不用化肥和农药的农业吗？

甲：生态农业完全不能施用化肥农药。

乙：是吗？我怎么只听说有机农业不用化学肥料和农药啊。

甲：那生态农业究竟是怎么回事？与常规农业有什么区别？

丙：生态农业强调生态循环、自然保护理念，通过适量施用化肥和低毒高效农药等，突破传统农业的局限性，又保持精耕细作、施用有机肥、间作套种、废弃物循环利用等优良传统，以尽可能少的投入，取得尽可能多的农产品产出，减少废弃物排放，获得经济和生态效益的统一。

生态农业强调生态循环、自然保护理念，
可以适量施用化肥和低毒高效农药。
适量
化肥君
适量
低毒农药君

突破传统农业的局限性，
又保持精耕细作、间作套种、
废弃物循环利用等优良传统。
“功夫”
之生态农业篇
保持优良传统！
突破传统局限！

以尽可能少的投入，
取得尽可能多的农产品产出。
减少废弃物排放，
获得经济和生态效益的统一。

目标统一，向前奔！

例42：种养结合生态农业中养殖就不需要人为添加饲料了吗？

甲：生态种养不能用外来的饲料！

乙：必须用自己地里长出的。

甲：对，否则就不是生态产品了。

丙：种养结合是物质高效循环的一种模式，如果养殖的动物缺少某种营养或营养供给不足，仍需要适当补充和外部投入，比如养羊需要适当增加一些盐分高的草料。如果养殖提供的养分不能满足作物生长需要，就要补充肥料养分，同样养殖中种植不能满足饲料供应，就应外购饲料补充。

也不完全，
种植产生的饲料数量和质量
难以满足养殖动物的生长需求时，
需要适当外部投入，
添加精饲料、优质饲料等。

例43：种养规模越大越好吗？

甲： 种养的规模还是要大一点才划算，规模越大越挣钱。

乙： 我也是这想法，现在农业集约化程度已经越来越高了，大了才好配套农机，配套各类农业工程。

丙： 针对不同的种养模式，都要保持适度的规模。而且，种养结合中种植业与养殖业的生产规模要匹配，养殖业偏大和种植业偏大都不可取，容易导致废弃物偏多、农业系统内部难以消纳等问题。

种养的规模越大越挣钱。
大
我也是这想法，现在农业大了才好配套农机和各类农业工程。

不同的种养模式，
要保持适度的规模。
种植业与养殖业间生产规模也要互相匹配。
匹配！

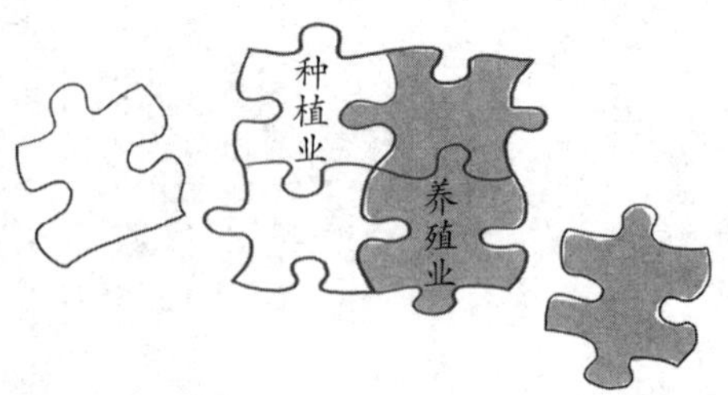
种植业
养殖业

养殖业规模偏大和种植业规模偏大
都容易导致废弃物偏多、
农业系统内部难以消纳，
进而导致环境污染。
废弃物多
难以消纳
环境污染
闷头做大规模，却不知……

例44：林下养殖不可取吗？

甲：现在很多媒体都介绍林下养殖，我觉得不可取。你看咱村的老张，在树林里面养鸡，鸡都把树林翻了好几遍了，树下连棵草都没有，这还算生态养殖？

乙：就是嘛。我也觉得是，那么多鸡在一起，多容易引起家禽的疫病。一旦发起病来，根本控制不住。

丙：整体来看，林下养殖还是一个很好的生态养殖技术，它节约了土地资源，而且生态环保，给养殖提供空间的同时也给树林提供了很好的养分。但是要适度控制养殖密度，不能过度放养。养殖中也要严格防疫，划分区域，防止病菌的传播。

整体来看，
林下养殖还是一个很好的生态养殖技术。
它节约了土地资源，
给养殖提供空间的同时，
也给树林提供了很好的养分资源。

但是，要适度控制养殖密度，不能过度放养。

养殖中也要严格防疫，
划分区域，防止病菌的传播。
病菌大军来袭！

例45：生态养殖的畜禽就得不打针不喂药吗？

甲： 生态养殖中就得要求不能打针、不能喂药，要不然，还算生态养殖吗?

乙： 不打针不喂药，畜禽生病了怎么办?我倒是觉得只要养殖环境符合生态标准就行了，养殖过程嘛，该打针打针，该喂药喂药。

丙： 生态养殖并不禁止打针喂药，但对养殖环境、养殖过程和包括防疫用药在内的投入品种类要严格控制，用量和时间也要符合养殖标准才行。

生态养殖中就得要求不能打针，不能喂药，
要不然，还算生态养殖吗？
?!
不打针不喂药，畜禽生病了怎么办？
我倒是觉得只要养殖环境符合生态标准就行了，
养殖过程嘛，该打针打针，该喂药喂药。

生态养殖并不禁止打针喂药。
勇敢BOY！
病了还是要打针吃药~

但对养殖环境、
养殖过程和包括防疫用药在内的投入品种类要严格控制，
用量和时间也要符合养殖标准才行。

例46：稻田养鱼破坏耕地，对吗？

甲：稻田养鱼得不偿失，为了养鱼，得挖不少大坑，把耕地都破坏了。

乙：可不是嘛，以后水稻还怎么种？

丙：稻田养鱼虽然需要挖沟来保护鱼苗，但并没有破坏耕地，而且挖沟面积较小，不会对稻田产生破坏；相反，养鱼一定程度上保育了耕地。

挖沟保护鱼苗并没有破坏耕地，
可以轻易地恢复。
汗滴禾下土~

挖沟面积较小，不会对稻田产生破坏，
相反，养鱼一定程度上保育了耕地。
LOVE~
我和稻田有个约会~

例47：果园树下养鸡门槛低吗？

甲：果园养鸡很简单！

乙：买些鸡仔林下一放就行了。

丙：林下养殖其实学问多。主要包括林地的选择；鸡种的选择、养殖密度、养殖疫病的防疫、养殖粪便的无害化处理；林下生草的搭配、轮牧的周期；防治果树病虫害需使用低毒农药，分区喷洒；分区轮换放养等。否则，不可能实现林业发展与养鸡的双赢。

林下养殖其实学问很多。
主要包括林地的选择；鸡种的选择、养殖密度、养殖疫病的防疫、养殖粪便的无害化处理；
林下生草的搭配、轮牧的周期；
防治果树病虫害需使用低毒农药，
分区喷洒；分区轮换放养等。

农田景观构建篇

例48：发展农业会污染环境，只有发展林业才有利于生态吗？

甲： 现在规模化种植和养殖的区域土壤环境都受到污染！

乙： 是啊，真正要保护生态环境只有发展林业，哪里森林覆盖率高，哪里生态环境就好。

丙： 不能一概而论，要看地域生态服务功能供给和需求，生态环境的好坏与农业发展不是对立的关系，农业具有多功能性。在不超过生态环境承载力的前提下，适度规模化发展农业，合理确定农业、林业发展比例反而会有利于生态环境保护，恢复和提高生态系统服务功能。

林！
是啊，真正要保护生态环境只有发展林业，
哪里森林覆盖率高，哪里生态环境就好。

不能一概而论，
要看地域生态服务功能供给和需求。
保护生态环境与发展农业并不对立，
农业具有多功能性。
多功能

生态功能
文化功能
经济功能
社会功能
政治功能
农业君

以生态环境承载力为依据，合理确定农业、林业比例，有利于兼顾农业生产与生态环境保护。

例49：农业比林业耗费水资源，所以应该大力发展林业，对吗？

甲： 现在的农业太耗水！

乙： 是啊，水资源这么短缺，我们应该大力发展林业，这样不仅节约水资源，还会改善生态环境。

丙： 的确，发展林业可以保持水土、涵养水源，但关于节水问题，要看发展什么样的农业。在雨养农业条件下，林业耗水量要大于农业；如果加强节水农业发展，农业耗水量并一定高于林业；同样，如果是单一化造林，也不一定能提高水土涵养、净化空气、生物多样性保护等生态系统服务功能。所以，在战略发展方面，需要针对农业、林业发展模式，开展科学决策。此外，农业具有多功能性，有些功能是林业无法替代的。

是啊，水资源这么短缺，我们应该大力发展林业，这样不仅节约水资源，还会改善生态环境。
现在的农业太耗水！
耗水

的确，发展林业可以保持水土，涵养水源。但关于节水问题，要看发展什么样的农业。
一、在雨养农业条件下，林业耗水量要大于农业。
收集雨水

二、如果加强节水农业发展，
农业耗水量并一定高于林业。
节水君

三、同样，如果是单一化造林，
也不一定能提高水土涵养、净化空气、生物多样性保护等生态系统服务功能。
所以，在战略发展方面，需要针对农业、林业发展模式，开展科学决策。
此外，农业具有多功能性，有些功能是林业无法替代的。

例50：农村发展观光农业就是要对原有景观进行彻底改变吗？

甲：要想发展观光农业就要彻底改变农村原有的景观面貌！

乙：没错，不然走到哪里都一样，怎么能吸引城里人！要想把他们吸引过来，就要有吸引他们的生态景观，就要对我们农村原有的景观进行彻底改变！

丙：发展乡村观光农业和生态旅游，的确要对原有景观进行改变，但不能太绝对化，改变是在原有生态和人文景观的基础上，因地制宜开展建设，提升景观质量和品质，使我们的乡村更加生态、更加美观、更有特色、更有乡村味儿！达到“记得住乡愁”的意境。这是我们发展乡村观光农业的前提，更是乡村观光农业持续健康发展的核心。

要想发展观光农业就要彻底改变农村原有的景观面貌！

没错，不然走到哪里都一样，怎么能吸引城里人！要想把他们吸引过来，就要有吸引他们的生态景观，就要对我们农村原有的景观进行彻底改变！

不能太绝对。
需要改变，但有条件：
以原有生态和人文景观为基础，
确保农业生产功能。
NO!
大拆大建
原有的人文景观
原有的生态环境

因地制宜，调整农业种植结构，提升景观质量和品质，
使乡村更加生态、更加美观、更有特色、更有乡村味儿！

例51：田园越干净越好，清洁田园是主流吗？

甲：田园干净清洁，才会长出优质的粮食、瓜果和蔬菜。

乙：对啊，秸秆和垃圾不要乱堆乱放，农药和化肥包装不要乱扔，保持田园清洁整齐，不但美观，还可以降低污染，提升田园生态功能，促进植物生长。

丙：是的，你说的是能看得见的，但有些物质是我们看不到的，同样是需要及时清除的，比如生病的枝叶等，否则容易滋生病虫害。但是，有些物质可以有！比如秸秆覆盖和冬季留茬，能减少蒸腾还能改善土壤；比如果园覆盖生草，能改善果园小气候。因此，对田园里的物质要综合考量，再决定它的去留。

田园干净清洁，才会长出优质的粮食、瓜果和蔬菜。

对啊，秸秆和垃圾不要乱堆乱放，
农药和化肥包装不要乱扔，
保持田园清洁整齐，
不但美观，还可以降低污染，
提升田园生态功能，促进植物生长。

是的，要清除掉垃圾和有害的物质，
比如生病的枝叶等。

但是，有些物质可以有！
秸秆覆盖和冬季留茬可以有，
能减少蒸腾还能改善土壤。
秸秆覆盖
冬季留茬
果园覆盖生草可以有，
能改善果园小气候。
对田园里的物质要综合考量，
再决定去留。

例52：农田景观构建就是使景观高端、大气、上档次吗？

甲： 农田景观构建越是高端、大气、上档次，越有发展前途。

乙： 有同感。

丙： 这个说法有点太过了，什么是高端、大气、上档次呀？容易误解，不少人以为建个高端和高价标识、护栏、宽马路等“高、大、上”的景观，才能体现现代农业特征，才能创造更大的经济效益。其实，景观是一片区域，最重要的是通过沟、路、林、渠、田重构和建设，提升保持水土、调节旱涝、保护生物多样性等生态服务功能。

乙： 这样啊，那我明白了！也就是说一片区域，可大可小，也可以把沟、路、林、渠、田理解为一个生命共同体。高端、大气、上档次不是追求的目标，只有尊重自然，立足于农田生产基本功能，恢复和提升农田景观生态和生活服务功能，才能促进休闲农业和景观农业发展。

这个说法有点太过了，
什么是高端、大气、上档次呀？
不要以为建个高端和高价标识、护栏、
宽马路等高、大、上景观就能体现现代农业特征。

其实，
景观构建的核心是通过沟、路、林、渠、田的重构和建设，
提升保持水土、调节旱涝、保护生物多样性等生态服务功能。

例53：农田道路要硬化，农田水渠要硬化，对吗？

甲：农田道路和农田水渠都硬化了才好。

乙：对啊，大势所趋！道路硬化了，整齐、好看，还便于农机具的使用。水渠硬化了，灌溉起来既节水又便捷。

丙：你说的是优点，但农田道路和水渠硬化也会对生态环境产生一定影响，比如土壤封闭影响土壤剖面排水和地表径流，破坏土壤结构，破坏土壤微生物。近些年，我国农田建设投资越来越大，现在农田道路、水渠混凝土硬化现象普遍，有点过度硬化了，缺乏综合考虑。农田道路和水渠是否硬化，需要综合考虑道路和渠道类型、生态环境条件、节水、生物多样性保护，以及氮、磷流失控制等。此外，硬化也有多种更加生态的材料和方法选择，比如生态砖、透水砖等生态建材，以及生态沟渠、生态塘、缓冲带等技术。

农田道路和农田水渠
都硬化了才好。
对啊，大势所趋！
道路硬化了，整齐、好看，
还便于农机具的使用。
水渠硬化了，
灌溉起来既节水又便捷。
硬化！

你说的是优点，
但道路和水渠硬化也会破坏生态环境，
导致土壤封闭、破坏土壤结构、
削弱土壤水分涵养能力、
危害土壤生物等。
水泥马路
不透气！
不透水！
不留活口！
抗议!!!

农田道路和水渠是否硬化，
需要综合考虑道路和渠道类型、生态环境条件、
节水、生物多样性保护，以及氮、磷流失控制等。
此外，硬化也有多种更加生态的材料和方法选择，
比如生态砖、透水砖等生态建材，
以及生态沟渠、生态塘、缓冲带等技术。

例54：增加农业休闲功能，就是种花种草吗？

甲： 如今，农业都讲究休闲功能了。

乙： 是啊！休闲嘛，就是多种花花草草，不要总是种菜种粮，应该往花园和草地方向发展。

甲： 这样显得好看，还能吸引更多人来玩。

丙： 这个说法太肤浅了。花花草草确实能吸引消费者观赏，但难以持续。农业的休闲功能关键是农业产品深度开发、农耕文化和农业知识深度挖掘和体验，就是种花种草也必须开发花草自身的经济价值，延长产业链。当然，在一些有主导产业的休闲农业园区，利用季节变化、农田边角地，种植一些乡土花草还是很不错的，不仅增加农田景观多样性，还能为授粉昆虫提供蜜源，提高授粉功能。

如今，农业都
讲究休闲功能了。
是啊！休闲嘛，就是多种花花
草草，不要总是种菜种粮，
应该往花园和草地方向发展。
这样显得好看，
还能吸引更多人来玩。

这个说法太肤浅了。
花花草草短期内能吸引消费者观赏，
但难以持续。
NO!
短期：热爆
长期：凉凉~

农业的休闲功能关键是农业产品深度开发、农耕文化和农业知识深度挖掘和体验，就是种花种草也必须开发花草自身的经济价值，延长产业链。

当然，在一些有主导产业的休闲农业园区，利用季节变化、农田边角地，种植一些乡土花草还是很不错的，不仅增加农田景观多样性，还能为授粉昆虫提供蜜源，提高授粉功能。

例55：平原要造林，杨、柳、榆、槐成片栽，对吗？

甲：现在提倡种田和造林搭配着来。

乙：没错，最好是种当家树种杨、柳、榆、槐等，适应性强。

丙：种杨、柳、榆、槐没有错，但要注意，尽量减少单一树种，要讲究树种和结构的多样化搭配，要群落化和生态化，注意生物多样性，增强生态稳定性，减少病虫害的暴发，避免单一树种一大片的种植方式。

造林界
四大天王
种杨、柳、榆、槐没有错，
怎样种很重要！

减少单一树种大片种植，
注重树种和结构的多样化搭配。
单一！

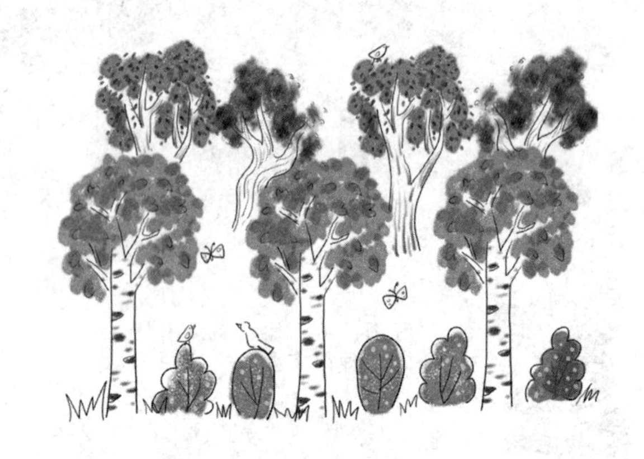

这样种为啥好？
促进生物多样性、
增强生态稳定性、
减少病虫害暴发。

例56：农田要美起来，就是要把护栏做漂亮了，对吗？

甲：这一片农田周边光秃秃的，很是难看。

乙：想要好看还不容易，加上一圈护栏，就好看了。

甲：对，护栏做漂亮了，也把农田衬托得更美了。

丙：在农田周边安装上漂亮的护栏，刚开始确实觉得很好看，但是时间一长，护栏老旧或疏于管理，造成杂草乱爬，反而大煞风景，这样做不仅增加成本，也不符合农业生态景观构建的基本原则。采用建设缓冲带、植物篱、生态沟渠等做法，不仅具有美观效果，还可以提升农业生态服务功能。

这一片农田周边光秃秃的，很是难看。
想要好看还不容易，
加上一圈护栏，
就好看了。
对，护栏做漂亮了，
也把农田衬托得更美了。

在农田周边安装上漂亮的护栏，
只是美一时，时间长了，
护栏老旧、杂草乱爬，
是不是很煞风景？
这样做，还会增加成本，
不符合农业生态景观构建的基本原则。
哎，煞风景~
老旧不堪的护栏

美！
建议适度建设缓冲带、植物篱、生态沟渠，
达到美观和农业生态服务功能提升的效果。

图书在版编目（CIP）数据

图说农业环境保护56例 / 王久臣，邹国元，王飞编著．—北京：中国农业出版社，2019.1（2020.3重印）
ISBN 978-7-109-25113-7

Ⅰ.①图… Ⅱ.①王… ②邹… ③王… Ⅲ.①农业环境-环境保护-图解 Ⅳ.①X322-64

中国版本图书馆CIP数据核字（2019）第000626号

中国农业出版社出版
（北京市朝阳区麦子店街18号楼）
（邮政编码 100125）
责任编辑 魏兆猛

北京通州皇家印刷厂印刷 新华书店北京发行所发行
2019年1月第1版 2020年3月北京第9次印刷

开本：880mm×1230mm 1/32 印张：6
字数：120千字
定价：20.00元